www.ingramcontent.com/pod-product-compliance
Lightning Source LLC
Chambersburg PA
CBHW070429220526
45466CB00004B/1592
9781679783449